CATALOGUE

Méthodique

DES ARBRES FRUITIERS,

CULTIVÉS DANS LES JARDINS ET PÉPINIÈRES

DE L. NOISETTE.

Nous avons suivi, dans notre Catalogue, la nomenclature de Duhamel ; mais nous l'avons considérablement augmentée, soit par nos relations en pays étrangers, soit par nos propres semis. Nous devons même avertir les amateurs que nous y portons plusieurs variétés dont nous n'avons point encore vu les fruits, qui peut-être rentreront dans des espèces connues, quoiqu'en très-petit nombre. C'est par cette raison que nous ne les avons pas mentionnées dans notre *Manuel complet du jardinier* (*).

Notre collection d'arbres fruitiers, classée méthodiquement dans notre établissement, comme elle l'est sur notre Catalogue, est particulièrement destinée à donner aux personnes qui voudraient faire des plantations, la facilité de faire un choix judicieux des espèces qui peuvent leur convenir.

Nons ferons suivre ce Catalogue de deux autres, l'un des Rosiers, et l'autre comprenant la nomenclature des différens végétaux qui croissent dans toutes les parties du globe, et que nous avons réunis dans nos cultures.

(*) Cet ouvrage formera 4 volumes in-8º de 6 à 700 pages avec figures, paraissant en huit livraisons. Prix de chaque livraison : 4 fr. 50 c.

On souscrit à Paris, chez Rousselon, libraire, rue d'Anjou-Dauphine, nº 9. Le tome 2 est en vente.

CATALOGUE

Méthodique

DES ARBRES FRUITIERS,

CULTIVÉS DANS LES JARDINS ET PÉPINIÈRES

DE L. NOISETTE,

PROPRIÉTAIRE, AUTEUR DU JARDIN FRUITIER, DU MANUEL COMPLET DU JARDINIER, COLLABORATEUR DU BON JARDINIER, MEMBRE DES SOCIÉTÉS LINNÉENNE DE PARIS, HORTICULTURALE DE LONDRES ET DE BERLIN, D'AGRICULTURE ET DE BOTANIQUE DE GAND; ETC.

Rue du Faubourg-Saint-Jacques, N°. 51.

Paris.

ROUSSELON, RUE D'ANJOU-DAUPHINE, N° 9.
Mme HUZARD, RUE DE L'ÉPERON, N° 7.

1825

PARIS. — IMPRIMERIE DE CASIMIR, RUE DE LA VIEILLE-MONNAIE, N° 12.

CATALOGUE

DES ARBRES FRUITIERS.

ORDRE PREMIER.

Les Monospermes.

PREMIÈRE SECTION.

FRUITS DONT LA CHAIR ET L'AMANDE SONT COMESTIBLES.

CERISIERS.

MERISIERS.

A petit fruit rouge oblong.
A gros fruit noir.
A petit fruit rose rond.
A petit fruit rose oblong.
A fleurs doubles.
A grandes fleurs doubles.
A feuilles crépues.
A feuilles longues.

GUIGNIERS.

A fruit noir.
A petit fruit rouge.
A gros fruit blanc.
A gros fruit rouge tardif.
A gros fruit luisant.
A fruit rouge hâtif.
A rameaux pendans.
A fruit noir hâtif.
————— tardif.
De Russie à fruit blanc.

BIGARREAUTIERS.

A gros fruit rouge.
A gros fruit blanc.
A petit fruit blanc hâtif.
A petit fruit rouge hâtif.
Couleur de chair.
Gros commun.
A fruit hâtif et amer.
Précoce.
Des quatre à la livre ou à feuilles
    de nicotiane.
A fruit ovale rouge.
Commun.
Gros cœuret (cœur de poule).
Princesse ambrée.
De Hollande.
A gros fruit noir.
A fruit rose superbe.
A petit fruit rose oblong.
De Rocmont.
A fruit noir doux.
A fruit noir amer.

1

CERISIERS.

A fleurs semi-doubles.
A très-grandes fleurs doubles.
A très-grandes fleurs doubles, prolifères.
A trochet.
De Montmorency.
—————————— à gros fruit.
—————————— courte queue.
De Hollande, à larges feuilles.
—————————— à feuilles de saule, ou de balsamine.
De Hollande coulard.
A gros fruit blanc ambré.
A petit fruit blanc ambré.
Royale hâtive.
————— Cheryduck.
—————————— tardif.
Nouvelle d'Angleterre.
Cerise guigne.
Provence guindoux.
De la Palembre.
A feuilles de pêcher et à petit fruit.
A feuilles de pêcher et à gros fruit.
A ratafia grosse espèce.
————— petite espèce.
De Varenne.

De marasquin.
De Sibérie.
—————————— à rameaux pendans.
De la Toussaint.
Du Nord, nouvelle espèce à très-petit fruit.
Du Nord, à fruit aigre.
—————————— à fruit doux.
Maiduck.
Belle Reimont.
A bouquet.
Grosse rouge pâle.
Belle de Choisy.
Torgionne.
Mogol.
Olive.
Madeleine.
Muscat de Prague.
A noyau tendre.

GRIOTTIERS.

Commun.
A gros fruit noir.
A petit fruit.
De Portugal.
D'Allemagne (ou de Chaux).
Du comte de St.-Maur.
D'Amérique.

PRUNIERS,

A fruits ronds :
Sauvage.
Franc.
Précoce de Tours.
Grosse noire hâtive.
Monsieur hâtif.
————— tardif.
De Chypre.
De Suisse.
Damas de Tours.
————— violet.
————— à petit fruit blanc.
————— à gros fruit blanc.
————— rouge.
————— noir tardif à gros fruit.
————— musqué.

Damas Dronet.
————— d'Italie.
————— de Maugerou.
————— de septembre.
————— d'Espagne.
————— à petit fruit.
Royale de Tours.
————— ordinaire.
————— hâtive.
Sans noyau.
Qui fructifie deux fois l'an.
Virginal à gros fruit blanc.
————— à fruit rouge.
————— du Canada à fruit rouge.
Reine-Claude.
—————————— blanche petite esp.

Reine-Claude grosse espèce.
———— abricot vert (ou verte
  bonne ; dauphine).
———— violette.
———— à fleurs semi-doubles.
Abricotée blanche.
———— rouge.
Petite mirabelle.
Grosse mirabelle (drap d'or).
Jacynthe.
Roche-Courbon.
Myrobolan à gros fruit.
———————— à prune cerise.
———————— à fruit jaune.
———————— à fruit violet.
A feuilles de pêcher.
Prunellier à gros fruit.
———————— à petit fruit.
———————— à fleurs doubles.
Cerisette.
Abricot.
Impératrice violette.
Prune-pêche.
———— datte.
———— de St.-Martin.
Brignolle.
Panachée (feuilles et fruits).
De la Chine.
De Virginie blanche.
Gros St.-Julien.
De la Belgique.
De Jérusalem (œil de bœuf).
Bricette.
Chicasaw jaune.
———————— rouge.
De St.-Jean.
d'Amérique.
De Briançon.
Noir de Montreuil.
Petit perdrigon.
Jaune superbe.

Surpasse monsieur.
Papaconni.
D'Agen.
Betterave.
Jaune de Rizancelme.
À fruits longs :
Diaprée blanche.
———— rouge.
———— violette.
Perdrigon violet.
———————— rouge.
———————— normand.
———————— blanc.
———————— hâtif.
Impériale violette ou d'œuf.
———————— à petit fruit.
———————— à feuilles panachées.
———————— violette à feuilles pa-
  nachées.
Dame Aubert blanche ou prune-
  figue.
———————————— rouge.
———————————— violette.
Koëtche ordinaire.
———————— à long fruit.
Ile verte.
Ste-Catherine.
Impératrice blanche.
Belle Riom.
Prune d'hiver.
De Catalogne.

FRUITS DE CURIOSITÉ.

Depressa.
Cerasifera.
Pensylvanica.
Maritima.
Hyemalis.
Americana.
Sphærocephala.
Acinaria.

ABRICOTIERS.

Franc.

¶ Précoce.

Blanc , grosse espèce.
—— commun.
Angoumois tardif.
——————— hâtif.
Albergier à fruit rond.
——————— à fruit long.
De Provence.
De Hollande.
————————— à feuilles pana-
chées.
Violet de Portugal.
Noir du pape.
A feuilles de saule panachées.

Musch-musch à petit fruit.
——————————— à gros fruit.
Royal.
De Metz.
Commun hâtif.
D'Alexandrie.
Noor.
Hâtif musqué.
Aveline.
Du Nypaule.
De Sibérie.
De Paris.
Vineux.

PÊCHERS.

Franc.
Avant-pêche blanche.
———————— rouge.
———————— jaune.
Double de Troyes.
Alberge jaune.
Madeleine blanche.
—————— de Courçon.
—————— rouge.
—————— à petites fleurs.
Pourprée hâtive.
————— tardive.
Grosse mignonne.
Vineuse de Fromentin.
Bourdine.
Chevreuse hâtive.
——————— tardive.
Abricotée.
Téton de Vénus.
Royale.
Belle de Vitry.
Pavie de Pomponne,
—— blanc.
—— alberge.
—— jaune de Provence.
Teindoux.
Nivette veloutée.
Persèque.
A fleur semi-double.
Cardinale.

Cardinale de Furstemb[
Nain.
Pêche-amande.
Transparente.
Belle Beauce.
Blanche de Malte.
Chancelière.
Galande ou belle-garde.
De Pau.
Sanguinolente.
Monfrin tardive.
Belle beauté.
Admirable jaune.
—————— tardive.
—————— blanche.
Sanguine à gros fruit.
—————— à petit fruit.
Incomparable en beauté.
De Turenne.
Rozanne.
Transparente rouge.
D'Ispahan.
Bonne grosse. 1820. (Louis Noi-
sette).
Des Alpes à feuilles de saule.
Dardant.
A fleurs semi-doubles.
De la Chine à fleurs doubles écar-
lates, bon fruit; nouvelle es-
pèce.

FRUITS LISSES.

Cerise.
Violette hâtive.
.——— tardive.
Brugnon musqué.
——— à chair jaune.
——— vert.
——— De la Chine.
Jaune lisse.
Grosse violette.
Mandarine.

Égyptienne.
Fairchilds.
Galden.
Du Teillers.
Italienne.
Murray.
Newington.
Temple.
Thurlaw.
White.

OLIVIERS.

Sauvage.
Cultivé.

A fruit rond.
——— long.

DEUXIÈME SECTION.

FRUITS DONT LA CHAIR SEULE EST COMESTIBLE.

CORNOUILLERS.

A petit fruit rouge.
A gros fruit rouge.

A fruit jaune.

MICOCOULIERS.

Du Levant.

A feuilles panachées.

JUJUBIERS.

Sauvage.

Cultivé.

DATTIERS.

Mâle.

Femelle.

TROISIÈME SECTION.

FRUITS DONT L'AMANDE SEULE EST COMESTIBLE.

AMANDIERS.

Franc.
Commun à gros fruit.
Des dames.
A gros fruit et amande amère.
Nain de Perse.
De Tours. Nouvelle espèce à gros fruit.
Satiné.
A coque tendre, amande amère.
Sultane, petit fruit, coque tendre.
Amande pistache.
A feuilles panachées.
A gros fruit, amande amère, coque dure.
A gros fruit, amande amère, coque dure.
A larges feuilles, très-gros fruit doux.
A très-grande fleur, fruit doux, coque dure.
D'Italie à coque tendre.
A feuilles de saule, fruit doux, coque dure.
Susquehana.
Nain de la Chine.
—— à fleurs doubles.
Grosse amande de Tours.

PISTACHIERS.

Mâle.   Femelle.

ORDRE DEUXIÈME.

Les Polyspermes.

PREMIÈRE SECTION.

FRUITS COURONNÉS PAR LE CALICE.

GRENADIERS.

A fruit acide.
———— doux.
A fleurs blanches.
A fleurs doubles.

Nain.
Intermedia.
Prolifère.

GOYAVIERS.

A fruit en poire.

A fruit en pomme.

POIRIERS.

Sauvage.
Franc.
A feuilles panachées.
Petit muscat.
Muscat Robert.
Aurate.
Madeleine.
———————— à fruit panaché.
Hâtiveau.
Cuisse madame.
Blanquet (petit.)
————— (gros.)
————— à longue queue.
Épargne.
Archiduc d'été.

Salviaty.
Orange musquée.
————— d'été.
————— d'hiver.
————— rouge.
————— tulipée.
————— nouvelle. 1820.
Rousselet d'été.
————— de Reims.
————— roi d'été.
————— d'hiver.
————— petit musqué.
Sans peau.
Martin sec.
————— sire (Ronville).

Martin sire de Provins.
Rousseline.
Cassolette.
Cassante de Brest.
Bellissime.
——————— d'automne.
——————— d'hiver.
De jardin.
Messire-Jean.
Rabine.
Double-fleur.
——————————— panachée.
Bezy-Quessoy.
—— Chaumontel.
—— de la Motte.
—— de Montigny.
—— vahette.
—— sauvageon.
Épine rose.
—— d'été.
—— d'hiver.
—— blanche musquée.
Ambrette d'hiver.
——————— d'été ou grise-bonne.
Échassery.
Sucré vert.
Royale d'hiver.
Muscat l'allemand.
——————— royal.
——————— fleuri.
Verte longue.
—— panachée.
Longue-verte (qui n'est pas la
    verte longue.)
Beurré rose.
——— gris.
——— d'hiver.
——— romain.
——— rouge.
——— d'Ardampon.
——— d'Aremberg.
——— du Coloma.
——— championnet.
——— capiémont.
——— royal.
——— rance.
——— de Portugal.

Angleterre. (beurré d')
——————— d'automne.
——————— d'hiver.
——————— des chartreux.
——————— gris.
Doyenné blanc.
——————— gris.
——————— à bois panaché.
——————— sieulle.
De vitrier.
Bon-chrétien d'hiver.
——————— turc.
——————— d'été.
——————— d'Espagne.
——————— d'Auch.
——————— à fleurs panachées.
Franchipane.
Marquise.
Angélique de Rome.
De Bordeaux.
Colmar.
Virgouleuse.
Saint-Germain.
Saint-François.
Saint-Augustin.
Saint-André.
Saint-Jean.
Saints-Pères.
Saint-Rolais.
Saint-Nicolas.
Louise-bonne.
Impériale à feuilles de chêne.
Pastorale.
De Naples ou à bouquet.
Lansac.
De vigne ou de demoiselle.
Catillac.
Tonneau.
De livre.
Bourdon musqué.
Franc réal d'hiver.
——————— d'été ou milan blanc.
Tarquin.
Parfum d'août.
D'ange (Poire).
Ah ! mon Dieu.
Fin or d'été.

Fin or d'automne.
Chair à dame.
D'œuf.
De Cygne.
Trésor d'amour.
Sanguinole.
Vallée.
Deux têtes.
Douville.
Chat brûlé.
Trouvée.
Sarrasin.
Cramoisière.
A feuilles de saule argentées.
——————————— Lisses.
Azerolle.
Des champs.
De neige ou bonne-ente.
Belle de Bruxelles ou d'août.
Amiral.
Amadotte.
De Fauce.
Caillou-Rosa.
Vermillon d'été.
Gile-ô-Gile ou gros gobet.
A bois jaspé.
De la Chine.
D'Amérique.
Monstrueuse.
Merveille d'hiver.
Figue (poire).
—— d'été.
—— d'hiver.
D'espadon.
Sabine.
Grise de la planche.
Sauvageon.
Garjanville.
Jalousie.
Jargonnelle.
Belle noisette.
Montsinaïca.
Passe Colmar.
Calebasse.
Sylvange d'automne.
——————— d'hiver.
De coq.

D'orient.
Nonchain.
Grise bonne.
Duchesse d'Angoulême.
Trifidange.
Urbaniste.
Lucrative.
Médaille.
Sans pepin.
Passe Madeleine.
Bogme musquée.
Luynes hâtive.
Mabille.
Olive d'été.
Baloche.
Des prêtres.
La courte de Rsalz.
Gros mimi.
Cerdeau d'hiver.
Longue de maukourti.
Salanker d'été.
———————— panaché.
Pera dura d'Italie.
Hâtiveau de la forêt de Saint-Laurent.
Bâtarde (vallée).
Saint-Lezin.
Bergamotte de Soulers.
——————— cadette.
——————— de Hollande.
——————— de pâques.
——————— crassanne.
——————— suisse.
——————— d'automne.
——————— rouge.
——————— sylvange.
——————— de fougère.
——————— d'été.
——————— de la pentecôte.
——————— de Russie.
Champriche d'Italie.
De Mauvi.
Marcenay.
Morelle blanche.
De jaunet.
De Bordeaux.
Poyency.

Passant de Portugal.
De Chuchamps.
Bec de bouc.
Marjolle.
Poire pomme.
Liard.
Belle lucrative.
Présent de Naples.
Rose dorée.
Bonne de Malines.
Melon.

A POIRÉ:

Grosse syrolle.
Petite syrolle.
A feuilles de laurier.
De loup.
Prince blanc.
Grand dauphin.
De perche cœur rouge.
Gros carisy blanc.
——————— rouge.
De Lyon.
De Concelles.
Picard rouge.
De buisson.
Rouget.

De salade.
Rousselet de Lidéri.
Du four.
De plâtre.
De fer.
Margot.
De cheval (ou noyer).
De cochon.
Blanc pernet.
De chemin.
Le pomoié.
Cheminel.
De Caladiac.
Gros vert.
De Franqueville.
Picard blanc.
Bimart.
Caen pucelle.
De Berlin.
Sablonnière.
Gros mesuil.
De canivet.
De carcan.
Gros moque friand.
Petit moque friand.
Grosse grappe.
Petite grappe.

COGNASSIERS.

Commun.
De Portugal.

De la Chine.

POMMIERS.

Sauvage.
Franc.
Calville d'été.
————— blanc d'hiver.
————— rouge.
————— royal.
————— normand.
Carmin de juin.
Gros faros.
Petit faros.
Fenouillet gris (anis).
————————— rouge (ou bardin).
————————— jaune.

Pomme d'or.
————— coing.
————— miche.
————— d'Amérique large face.
————— groseille.
————— poire.
————— doux d'argent.
————— d'Adam.
Concombre petite.
————————— grosse longue.
Reinette grise.
————— de Granville.
————— de Champagne.

Reinette naine.
———— franche.
———— de Canada.
———— grise.
———— rouge piquetée.
———— d'Angleterre à gros fruit.
———————————— à petit fruit.
———— blanche.
———— de Bretagne.
———— dorée.
———— jaune hâtive.
———— franckatu.
———— d'or d'Angleterre.
———— rousse des Carmes.
———— de Cantorbéry.
———— blanche d'Espagne.
———— de Caux.
———— grosse grise.
———— blanche à côtes.
———— d'Italie.
Rambour franc.
———— d'hiver.
———— d'automne.
———— d'été.
———— suprême.
———— de Notre-Dame.
Api rouge.
——— noir.
——— rose ou étoilé.
Haute bonté.
Non-pareille.
———————— d'Angleterre.
Pigeon.
Pigeonnet de Rouen.
———————— à chair blanche.
————————————rose.
———————— de Jérusalem.
Drap d'or.
Capendu.
Doux.
Figue (pomme).
Violette.
Madeleine.
Pépin d'or d'Angleterre.
Vrai drap d'or.
Cœur de pigeon.
De jardin.

Grosse noire d'Amérique.
De Jérusalem.
Royale d'Angleterre.
———— superbe.
D'Astracan.
De bœuf.
Châtaignier.
Gros Bondy.
A feuilles glacées.
Belles fleurs.
Rouge feuillage.
A la vérité blanche.
Paradis.
Doucin.
Craquelin.
Fleur de prairial.
Spectabilis ou à fleurs doubles.
Hybride à fruit rouge long.
———————— à fruit jaune rond.
———————— à gros fruit jaune.
Baccata.
Coronaria.
Toujours vert.
Odorant de Sibérie.
A feuilles d'aucuba.
Belle de Sénart.
A fleurs semi-doubles.
Saint-Germain.
Saint-Julien.
De Charlemagne.
Desjean muscat.
Nostrate blanche.
Gros douveret gris.
Douveret doré.
Hyéville rouge.
Fausse Varin.
Triomphante.
Gros doux.
Douchet.
Bonne de mai.
Gros-yeux.
Coqueret à fruit blanc.
———————— à fruit roux.
Transparente.
———————————— de Russie.
De Finale.
Monstrueuse d'Amérique.

Doux-gros-doux.
Belle fleur d'août.
Violette d'Amérique.
Cœur de bœuf.
A odeur de coing.
A plate tête double.
Goold peppin.
Gros goold peppin.
Nargill-apple.
Striped monstrouse rennet apple.
Large costard apple.
Nero cluster geold peppin apple.
Christies peppin apple.
Bell-Sartet apple.
Litthe beauly apple.
Good sadling apple.
Bland ros apple.
London peppin apple.
Gordlen large apple.
Puissant apple.
Quince apple.
Bounton peppin apple.
Colden boll apple.
Court of wick peppin apple.
Ferus peppin apple.
Kesurick cadlein apple.
Bedfordshire faundling apple.
Lincolnshire hollande peppin
   apple.
Lebman peppin apple.
Evans valuable apple.
Montalivet.
——————— d'été.
Gros papa.
Belle Dubois.
Franckatu romain.
——————— petit.
Maling.
Princesse noble.
Courtpendu rouge.
Venter.
Jardy.
——————— grosse verte.
Hutard.
Robin.
De fer.
Nivalis.

Blanche de Bretagne.
De Gamache.
Cousinette.
Seigneur d'Orsay.
Nottingham.
D'éclat.
De Chaufard.
Grosse d'Amérique.
Maltranche rouge.
Des deux goûts.

A CIDRE.

D'Amelet.
Cœur d'âne.
De bédane.
Saint Martin.
Girard.
Duchesnoy.
Peau de vache.
Sainte-Bazile.
Saint-Philibert.
Saint-Ouen.
Messire Jacqués.
Germaine.
De Guibrox.
Gros-amer.
Flequin.
Rouge bruyère.
Barbery.
D'Ecaseul.
Blanc mollet.
Douce merelle.
Doux évêque.
Ecarlatine.
Jeannette.
Gros Picard.
Grosse de saint-Malo.
Belle Lefèvre.
Debourg.
Presbytère.
Doux-amer.
De pont.
Longchamps.
Morin Onfroy.
Tard fleurie.
Muscadet.
A trochets.

De Godar.

De verte-ente.

Petit amer-doux.

NÉFLIERS.

Des bois.

A gros fruit.

Sans noyau.

A fruit précoce.

Du Japon.

SORBIERS.

A fruit en poire.

———— en pomme ou ovale.

A gros fruit rouge.

A petits fruits.

Du Nypaule.

AZEROLIERS.

A gros fruit blanc.

Du levant ou à feuilles de ta-
naisie.

De Provence.

De Maroc.

Du Canada.

ALISIERS.

A feuilles longues.

———— rondes.

De Fontainebleau.

Alouchier de Bourgogne.

ROSIER.

Églantier pommifère.

EUGÉNIA.

Jambos.

DEUXIÈME SECTION.

FRUITS SANS COURONNE.

RONCES.

Des haies.

A fleurs doubles.

A feuilles de laitue.

———— de rosier.

A fleurs doubles blanches.

A fleurs rouges.

Grimpante.

Des Alpes.

Bleuâtre.

Multiflore.

FRAMBOISIERS.

Commun à fruit rouge.

Commun à fruit blanc.

Dè Malte ou des deux saisons.
——— à fruit blanc.
De Virginie à fruit rouge.
——— à fruit noir.

Du Canada.
A gros fruit rouge.
Couleur de chair, nouvelle.
Des Moluques.

MURIERS.

D'Italie à fruit blanc.
——— à fruit rouge ou rose.
Blanc d'Espagne.

Blanc de Constantinople.
Rouge du Canada.
Noir.

BROUSSONNETIERS.

Mâle.
Femelle.

A feuilles capuchonnées.

ARBOUSIERS.

De Provence.
D'Irlande.

D'Irlande à feuilles de saule.

AIRELLES.

Des bois.
D'Amérique à gros fruit.
Canneberge.
A feuilles de buis.
Corymbifère.

A feuilles d'arbousier.
Glauque.
Lucet.
De Pensylvanie.
Ponctuée.

PLAQUEMINIERS.

D'Italie.
De Virginie à gros fruit.

De Virginie à petit fruit.
Kaki (figue kake).

ORANGERS.

Franc.
De la Chine.
A fruit déprimé.
A feuille d'yeuse.
A fruit pyriforme.
De Gênes.
De Nice.
A petit fruit.
A fruit bosselé.
——— cornu.
——— comprimé.
Conifère.
De Malte.
A chair rouge.

A longues feuilles.
Turc.
Mammifère.
Changeant.
Noble.
D'O-Taïti.
Toruleux.
Franc à fruit doux.
De Majorque.
Elliptique.
Rugueux.
Duboisviolette.
A fruit ovale.
A fruit tardif.

De Grasse.

De Portugal.

Pomme d'Adam des Parisiens.

BIGARADIERS.

Franc.

Sans pepin.

Couronné.

Grand Bourbon.

Cupulé.

A fruit doux.

A fleurs doubles.

Fétifère.

De Florence.

De Gallesio.

A gros fruit rose sans pareil.

Riche dépouille.

A feuilles de myrte.

Hermaphrodite.

Corniculé.

A fleurs en grappe.

A feuilles de saule.

Nain de la Chine.

Spataphore.

Violet.

Volcamer.

D'Espagne.

Mamelonné.

A deux couleurs.

A feuilles longues.

BERGAMOTTIERS.

Ordinaire.

Toruleux.

Mellarose.

——————— à fleurs doubles.

LIMETTIERS.

Ordinaire.

A petit fruit.

A fruit âcre.

De Rome.

Tuberculé.

Des orfèvres.

Pomme d'Adam.

POMPELMOUSES.

Ordinaire.

A feuilles crépues.

Chadeck.

Chadeck à petit fruit.

A grappes.

LUMIES.

Poire du commandeur.

Saint-Domingue.

Galice.

Douce.

A pulpe d'orange.

LIMONIERS.

Sauvage.

Incomparable.

Acide.

A fruit cannelé.

A fruit rond.
Bignette.
———— à gros fruit.
Sbardanne.
Rosolin.
Ponzin.
D'Espagne.
Oblong.
Impérial.
A grappe.

Ballottin.
Mellarose.
Perrette ordinaire.
———— de Florence.
———— de Saint-Domingue.
De Gaëte.
Fusiforme.
De Nice.
Ferrari.

CÉDRATIERS.

Ordinaire.
A gros fruit.
De Salo.
De Florence.
A fruit rugueux.

De Rome.
A Côtes.
Limoniforme.
Poncire.

ASSIMINIER.

A trois lobes.

CAPRIER.

Épineux.

VIGNES.

Sauvage.
Chasselas blanc commun
———— de Fontainebleau.
De Bar-sur-Aube.
A feuilles laciniées. (Ciouta.)
Ciouta blanc musqué.
———— noir grosse espèce.
———— panaché noir et blanc.
———— violet.
———— rouge.
———— rose.
———— panaché.
Muscat blanc.
———— violet.
———— noir.
———— d'Espagne.
———— rouge de Jérusalem.
———— d'Alexandrie blanc.
———————— violet.

Alsatico.
Aligolé.
Alicante.
Almandis.
Alexandrie noir.
Amadon.
Amarot.
Arbois.
Arbonne.
Aramond.
Arroya.
Arrajan.
Aspirant.
Acetata.
Auvernat.
Baclan.
Balavri.
Barbara noir.
Balsamina.

Berardy.
Blanc doux.
Blanc.
Blanquette.
Blanchette.
Blanc madame.
Boaro.
Bois blanc.
Bourboulenque.
Bondales.
Bourdelas.
Bourguignon blanc.
Bouvette.
Bouteillant.
Boutinaux.
Braquette gris.
Brunsfourca.
Burger.
Cado dit Valpe.
Calliaba.
Camaran blanc.
Calcile.
Canut noir.
Cargue bas.
Carignan.
Cecan.
Cascarolo blanc.
Chaillosse.
Chaillone.
Chalosse.
Cherain.
Charge mulet.
Clairette.
————— de Dié.
————— de Lemoux.
Claverie rouge.
————— haute.
————— mâle.
Chopine.
Calinera
Cornette.
Cornichon blanc.
————— violet.
Corinthe blanc sans pepin.
————— à gros fruit.
————— violet.
Courbu.

Courtanelle.
Cruchon.
Crapaud.
Culotte de suisse ou Morillon pa-
    naché.
Damas violet.
Dammory blanc.
Degoûtant.
Demoiselle.
Dalieto.
Doucet.
Epicier, grosse espèce.
————— petite espèce.
Erardy grande espèce.
Espagnins.
Espar.
Etranger.
Feldlinger.
Fiez jaune.
———— violet.
———— vert.
Folle blanche.
———— noire.
Forte queue.
Fourmente.
Franconi gros fruit noir.
Gameau.
Gamet noir.
Gandie.
Gentil brun.
Gouais jaune.
———— petit.
Grand blanc.
Grignoti.
Grec rouge.
———— blanc
Gros blanc.
———— Guillaume.
———— de Marseille.
———— noir cornu.
———— perlé.
———— noir.
Grosse serine.
Gramier violet.
Graselle.
Guila noir.
Guillendoux.

Guillimont blanc.
Gulard.
Haumeau.
Hénaut blanc.
Herbasque.
Jacobin.
Janino.
Jéricho.
Joli blanc.
Jouannin.
Jzabella.
Kini perlé.
Lambensquat.
Languedoc.
Landeau.
Lourdeau.
Lignage.
Liverdun.
Maclou.
Malaga.
Malvoisie.
———————— rouge.
Mansein noir.
———————— blanc.
Marseillais.
Maroc.
Maroquin.
Marmot.
Marvoisin.
Mauzac noir.
———————— blanc.
Milan blanc.
Mélier blanc.
Merbregie.
Merlé d'Espagne.
———————— blanc.
Moutardier.
Meûnier à saint, noir.
———————— à saint, blanc.
Merveillat.
Morillon noir.
———————— panaché.
Moscatelle.
Muller Reben.
Navarre.
Navarro.
Nébialo.

Négeou.
Nerre.
Négrette.
Noiricin.
Olivette.
Pance commune.
———————— blanche.
Parpeuri.
Perlosette.
Petit gris.
Pineau.
———————— Fleuri.
———————— noir.
———————— gris.
———————— franc.
Pied saiu.
——— de perdrix noir.
Picardon.
———————— gros.
Piquepoule.
Plants de Sales.
———————— de Malin.
———————— de Pascal.
———————— vert.
———————— droit.
Piquepoule sorbier.
Précoce blanc, nouvelle espèce.
———————— noir, ou des trois récol-
                tes.
Pulsare.
Qualitor.
Raisin rouge.
———————— perlé.
———————— vert.
———————— Grec.
Rajolin.
Rischling.
Rivesalte.
Rochelle noir.
———————— blanc.
Rougeasse.
Roux ergot blanc.
Roux-jaune.
Rousse de Lyon.
Sauvignon blanc.
Saint-Pierre.
Saint-Labier.

Saint-Jean.
Sainte-Jeaume.
Servant noir.
Servignien Cendré.
Semillon.
Sparse grosse.
———— menue.
Sirodine.
Soula bouvier.
Syrie.
Tathe Hentsche.
Teinturier.
Terrette.
Tinta.
Tokai.

Toulon.
Tripied.
Trousseau.
Trutte.
Ugne Lombarde.
Uliade.
———— rouge.
Unie blanc.
Valentin.
Verdal.
Vicane.
Verjus blanc.
———— violet.
Weiss kleseln.

ÉPINE-VINETTE.

Commune à fruit rouge.
A gros fruit sans pepin.
A fruit blanc.
———— violet.

A larges feuilles.
De la Chine.
De Crête.
Du Nypaule.

GROSEILLIERS A GRAPPES.

Ordinaire à fruit rouge.
A très-gros fruit rouge.
A fruit blanc.
A très-gros fruit blanc.
A fruit couleur de chair.
A gros fruit blanc perlé, d'Angleterre.
A feuilles panachées.
A fruit noir.

A feuilles panachées.
———— réniformes.
D'Amérique à gros fruit noir.
———————— à feuilles panachées.
De Virginie.
D'Angleterre à très-gros fruit noir.
———————— à gros fruit noir.

GROSEILLIERS ÉPINEUX.

A fruits longs lisses.

Jaune hâtive.
Violacée très-gros fruit.
Violette ovale lisse.
Verte très-gros fruit.
Pourpre à gros fruit.

Couleur de chair.
Jaune à gros fruit.
Violacée à très-gros fruit.
Rouge à petit fruit.
Jaune à très-gros fruit.
Rouge.

A fruits longs hérissés.
Jaune hâtive.
Grosse blanche à nervures pâles.
Verte à gros fruit.
Rouge à petit fruit.
Verte à petit fruit.
Violette.
Violette longue.
————- Rose.
Violette ovale.
Blanche verte.
Verte à gros fruit.
Jaune à très-gros fruit.
Verte à petit fruit très-allongé.
Calebasse couleur de chair ; su-
 perbe.
Violette très-longue superbe.

A fruits ronds lisses.
Grosse blanche.

Très-blanche hérissée.
Nouvelle d'Angleterre.
Violette turbinée.
Rouge à petit fruit.
Couleur de chair.
Verte.
Petite jaune tardive.

A fruits ronds hérissés.

Verte olivâtre, très-grosse.
———— à petit fruit.
Blanche.
Couleur de chair.
Violette ronde tardive.
Rouge.
Petite violette ronde très-hérissée.
Pourpre.
Blanche à petit fruit.

GROSEILLIERS NOUVEAUX.

A fruits rouges.

Hargrave's glory.
Mellins.
Sir Peter tiazle.
Privatur.
Rumbuillon.
Admiral Nelson.
Chadwick's Sporteman.
Ruler of England.
Earl Moira.
Royal ann.
Averall.
Champman's Fanner.
Pastime.
Marquis Stafford.
Defiance.
Trafalgar.
Jubilée.
Glory Afhaywood.
Rifleman.
Gird's Seedling.
Dudley Ward.
Warrington.

A fruits jaunes.

Golden Gourd.
Prince of orange.
Hector.
Lord Nelson.
Sir Sydney.
Credus.
Galden Stag.
———— Chain.
———— Sceptre.
———— Lyon.

A fruits blancs.

Holden's Muslin.
Silversmith.
Wander of Wander's.
Mendoza.
White Ros.
Bright Venus.
Marquis Granby.
Ploughboy.

A fruits verts.

Smith's Mark.

Gumpowder.
Chisel.
Langley Gréen.
Movre's Liberty.

Green Ocean.
Fair Play.
Admiral Ducan.

TROISIÈME SECTION.

FLEURS RENFERMÉES DANS LE FRUIT.

FIGUIERS.

Sauvage,
Commun cultivé ; fruit blanc ,
  rond.
————— à fruit blanc, long.
Blanc, fruit en pomme, nouvelle
  espèce.
———— violet long.
————— rond.

Angélique.
Grosse de Marseille.
Rougeotte , rouge chair.
Blanche rougeâtre lavée de jaune.
Bourjassotte rouge violet.
Barnisotte.
Marseille.

ORDRE TROISIÈME.

Les Amentacées.

PREMIÈRE SECTION.

FRUITS HÉRISSÉS.

CHATAIGNIERS.

Commun.	Châtaigne blanche commune.
——————— à gros fruit.	——————— Hâtive.
D'Amérique ou chincapin.	La sauvigne.
Marron de Lyon.	Pate de loup.
——— du Périgord.	A fruit en épi.
A feuilles dorées.	A très-grandes feuilles.
——————- argentées.	A feuilles panachées.

HÊTRES.

Ordinaire.	Cuivré.
Pleureur.	Pourpré.

PAVIA.

Dulcis.	Marronnier à fruit doux.
	Cet arbre ne fait pas partie de la famille des amentacées; mais, d'après son fruit, j'ai cru devoir le placer à la suite des châtaigniers.

DEUXIÈME SECTION.

FRUITS NUS.

NOYERS.

Commun, à petit fruit rond , à bois tendre.	Commun à petit fruit long, à bois tendre.

Commun à gros fruit rond, à bois dur.

———— à gros fruit long, à bois dur.

De la Saint-Jean.

A fruit en grappes.

Noir d'Amérique.

Noir d'Amérique à gros fruit.

Blanc d'Amérique.

Cendré d'Amérique.

Pacanier.

De jauge.

Olivæforme.

NOISETIERS.

Commun.

Aveline à fruit rond et pellicule rouge.

———— pellicule blanche.

———— fruit long pellicule rouge.

————————————blanche.

Grand calin à pellicule blanche.

De Constantinople.

A feuilles pourpres.

Avelinier de Provence.

———— à fruit en grappes.

A feuilles laciniées.

A rameaux pendans.

Glomerata.

Rostrata.

CHÊNES.

A gland doux.

A feuilles panachées.

Du Levant, turnerii.

Du Nypaule.

TROISIÈME SECTION.

FRUITS ÉCAILLEUX.

PINS.

Cultivé à noyau tendre.

———— à noyau dur.

FRAISIERS.

Commun à fruit rouge.

———— à fruit blanc.

A grandes fleurs.

A tige élevée.

Des Alpes.

———— à fruit rouge ou des deux saisons.

———— à fruit blanc.

De buisson ou sans coulans.

Bargemont à fruit musqué.

———— qui fructifie deux fois l'an.

Vert.

A fleurs semi-doubles.

Écarlate de Virginie.

———— de Bath.

Coucou.
Du Chili.
De la Caroline.
Capron mâle.
———— femelle.
———— framboisé.
Ananas (fraisier).
Vineuse de Champagne.
Deville Dubois.
Quatre saisons sans filets.
De Gaillon, sans coulans des quatre saisons.
———— à fruit blanc.

De Montreuil.
Vert d'Angleterre.
De Virginie.
Hautboy.
———— Prolific.
———— Kean's imperiale.
Pine.
———— Scarlet.
Surinan.
Rosebery.
Wood wite.
———— Red.

9 782019 9632